聪颖宝贝科普馆

BINWEI DONGWU

濒危动物

段依萍◎编著

辽宁美术出版社

图书在版编目(CIP)数据

聪颖宝贝科普馆.濒危动物 / 段依萍编著. —沈阳:
辽宁美术出版社, 2020.8
　　ISBN 978-7-5314-8825-5

　　Ⅰ.①聪… Ⅱ.①段… Ⅲ.①科学知识—学前教育—
教学参考资料 Ⅳ.①G613.3

中国版本图书馆 CIP 数据核字(2020)第 147615 号

出 版 者:辽宁美术出版社
地　　　址:沈阳市和平区民族北街 29 号　　邮编:110001
发 行 者:辽宁美术出版社
印 刷 者:北京市松源印刷有限公司
开　　　本:889mm×1194mm　1/16
印　　　张:6
字　　　数:40 千字
出版时间:2020 年 8 月第 1 版
印刷时间:2023 年 4 月第 2 次印刷
责任编辑:王东星
装帧设计:宋双成
责任校对:郝　刚
书　　　号:ISBN 978-7-5314-8825-5
定　　　价:88.00 元

邮购部电话:024-83833008
E-mail:lnmscbs@163.com
http://www.lnmscbs.cn
图书如有印装质量问题请与出版部联系调换
出版部电话:024-23835227

前言
FOREWORD

　　以我们现在的科技手段来看,其他星球上尚未发现有生命存在。因为有了大气层的保护,地球才能成为宇宙中独一无二的一片绿洲。这里的栖息地丰富多样,不管是大海里的珊瑚礁,还是矗立的山峰,到处都有特别的动物生存,种类真是数不胜数。

　　然而,让人痛心的是,由于人类的活动,改变甚至破坏了它们的野生栖息地,这些地球的宝贵动物们正在快速且大规模地消失。

　　《濒危动物》这本书便向大家展示了一些动物,在这个世界上它们正面临着被灭绝的威胁。这本书既包括我们熟知的一些濒危动物,也包括一些我们或许从未听说过,但也同样值得我们去保护的动物,如巢鼠、鬼狒、马来貘等。假如我们能够集中力量,为这些动物多做一些保护措施,也还为时不晚。

编　者

目录
CONTENTS

不挑食的安第斯山猫 ……………………… 4

爱睡觉的巴西三趾树懒 …………………… 6

早晨开嗓的白眉长臂猿 …………………… 8

绚丽多彩的白臀叶猴 ……………………… 10

大肚子的长鼻猴 …………………………… 12

擅长挖土的长吻针鼹 ……………………… 14

爱换"房子"的巢鼠 ……………………… 16

等级制度森严的戴安娜须猴 ……………… 18

善于奔跑的瞪羚 …………………………… 20

夜间觅食的短鼻大袋鼠 …………………… 22

讲义气的非洲野犬 ………………………… 24

金发碧眼的菲律宾果蝠 …………………… 26

耐渴的格利威斑马 ………………………… 28

爱睡午觉的冠叶猴 ………………………… 30

吃泥土的光面狐猴 ………………………… 32

容貌似鬼的鬼狒 …………………………… 34

淘气贪食的黑冠长臂猿 …………………… 36

"四处为家"的黑猩猩 …………………… 38

视力较差的恒河豚 ………………………… 40

目录
CONTENTS

叽叽喳喳的红背松鼠猴 …………………… 42

会变色的金色乌叶猴 ……………………… 44

爱臭美的金狮面狨 ………………………… 46

长尾巴的领狐猴 …………………………… 48

"独行侠"马来貘 …………………………… 50

温顺的麋鹿 ………………………………… 52

"地下建筑师"墨西哥土拨鼠 …………… 54

三色毛发的绒顶柽柳猴 …………………… 56

水中飞行的塞鲸 …………………………… 58

食量惊人的山地大猩猩 …………………… 60

性格暴躁的狮尾猕猴 ……………………… 62

凶猛的食猿雕 ……………………………… 64

脑袋小的瘦小齿蒙 ………………………… 66

险遭灭绝的条纹袋狸 ……………………… 68

近似人类的倭黑猩猩 ……………………… 70

沉默凶猛的亚洲豺犬 ……………………… 72

有四个胃的印度豚鹿 ……………………… 74

迟缓安静的红毛猩猩 ……………………… 76

神秘的细嘴杓鹬 …………………………… 78

不挑食的安第斯山猫

安第斯山猫是一种中型猫科动物,在所有野生猫科动物中,它几乎是最美丽的一种。

能保暖的大尾巴

安第斯山猫的外观像雪豹,体型和家猫差不多。它的毛发是银灰色,柔亮有光泽;背部的绒毛长约5厘米,身侧有棕黄色的斑点和条纹,胸部和前肢也有黑白相间的细条纹或斑点。安第斯山猫的尾巴很长,尾巴上的长毛厚密而柔软,像毯子似的,可以裹住山猫的身体用以保暖。安第斯山猫还有能伸缩的爪和发达的裂齿。

小档案

别称:安第斯山虎猫、南美山猫、山原猫
科名:猫科
特征:大而圆的头,四肢偏长,有趾,身躯整体显得均匀
分布:南美洲的安第斯山脉
食物:啮齿类动物、蜥蜴、昆虫、鸟类等

栖息地的坏天气

安第斯山猫一般栖息在海拔 3000 米以上的安第斯山脉，那里岩石遍布，植被很少，只有稀疏的矮灌木。气候寒冷多风，基本没有降雨，但常有雪或雨夹雪风暴的坏天气。安第斯山猫视觉和听觉都很敏锐，在陡峭的岩壁间如履平地。

爱睡觉的巴西三趾树懒

巴西三趾树懒主要生活在热带森林潮湿的树梢密叶中,是世界上行动最缓慢的动物之一。

浑身长藻的绿毛怪

巴西三趾树懒全身长有灰棕色的粗糙针毛,喉部为灰白色,但由于生活环境潮湿,三趾树懒的针毛上长有很多藻类,这让针毛看起来像是绿色的。三趾树懒前肢长,后肢短,倒钩状的爪可以倒挂在树上。

与大树融为一体

三趾树懒几乎是长在树上，它们在树上觅食、休息，睡觉时就将自己倒挂在树枝上。它们无法在陆地上行走、站立，但可以游泳。它们行动缓慢，每分钟只能移动2.7米。三趾树懒真的很"懒"，它们每天要睡15个小时以上，清醒时也常常几个小时不动。它们的食物主要是一些桑科植物的嫩枝、幼叶及芽。有些食物其他动物吃了可能会中毒致死，三趾树懒却能免疫，可以说是很厉害了。由于运动量很少很少，身体所需的能量也极少，所以它们可以一个月不吃东西。

早晨开嗓的白眉长臂猿

白眉长臂猿喜欢群居，也喜欢在清晨啼叫，而且叫的声音非常大，数里之外都可以听到。

小档案

别称：呼猴、黑猴、长臂猿
科名：长臂猿科
特征：身体长度在 45 至 65 厘米之间，体重为 10—14 千克，小小的头，又短又扁的面部
分布：南亚热带阔叶林
食物：野果、鲜枝嫩叶、花芽等

雌雄异色好分辨

白眉长臂猿没有尾巴，前肢长，后肢短，额头附近有形似眉毛的白色条纹，因此得名。雄猿身上布满黑褐色的蓬松毛发，雌猿毛发则为灰白或灰黄色。白眉长臂猿有两个亚种，东部种与西部种雄猿最大的不同就是眉毛，东部种成年雄性额头两条白色眉毛明显分开，而西部种成年雄性的两条白眉是相连的。东部种与西部种雌猿的不同在于毛色，西部种成年雌猿四肢毛色比身体毛色浅，而东部种成年雌猿则全身毛色统一，无明显不同。

手长如钩荡秋千

白眉长臂猿没有窝巢，睡觉、觅食都在树上完成，以树为家。偶尔行走时为半直立状态，双臂在身侧或举起。它们的手为钩子形状，可以将自己挂在树上，摆荡前行，就像是在荡秋千。

绚丽多彩的白臀叶猴

雄性白臀叶猴的体型比雌性稍大些，而且其臀部有一个白色的臀斑，这也是它们名字的由来。

色彩绚丽晃花眼

雄性白臀叶猴的体型比雌性略大，毛发颜色绚丽多彩。身体部分多为灰黑色，黄色面部的周围有一圈白毛，颈部有栗色颈环，下颌为红褐色。棕黄色的胸腹部上有一个半圆形、黑色轮廓的栗色斑块。臀部与尾巴为白色，腿部从上至下为赤褐色、灰色、黑色，两臂为白色，手脚为黑色。臀盘上端的白色圆点可以区别白臀叶猴的雌雄。

以树为家不下地

　　白臀叶猴常年生活在树上，很少在地面活动。跳跃是它们的长项，动作轻巧灵活，可以一次性跳到六米开外。白臀叶猴喜群居，小群、大群皆有，一般小群中有4—10只白臀叶猴。群体中雌性数量较多，负责陪伴幼崽玩耍、训练。雄性数量较少，但占据主导地位。社会联系在白臀叶猴群体中很重要，它们通过听觉、视觉以及触觉进行沟通交流。雌性白臀叶猴常为雄性白臀叶猴梳理毛发，增进彼此间的感情。

小档案

别称：南海叶猴、毛臀叶猴、黄面叶猴
科名：猴科
特征：平滑的鼻梁下两个鼻孔朝天，斜角杏仁形的眼睛是深褐色的，有"黑眼圈"
分布：热带雨林
食物：果实、种子、嫩芽、叶柄

大肚子的长鼻猴

长鼻猴是一个特例，它不属于反刍亚目，但是却能够反刍，而且只生存在东南亚加里曼丹岛上。

红色长鼻像茄子

成年长鼻猴的身体是棕色或粉红色的,四肢与尾巴为灰色,头部和肩部为红色。长鼻猴幼崽出生时脸为蓝色,之后变为灰色,8—9个月大时,毛色就和成年长鼻猴相同了。雄性长鼻猴的鼻子会一直长大,最终会长到7—8厘米,远远看去,红色的长鼻子就像是个红茄子挂在长鼻猴的脸上。由于鼻子过长,自然下垂时会挡住嘴巴,因此长鼻猴吃东西时,要先将鼻子扒拉到旁边。

用鼻子吵架

长鼻猴喜欢群居,一般10—30只为一个族群,其中包括一只雄性首领,1—8只成年雌性及其后代。有时,几个族群会在夜间聚集,共同活动休息,争吵、斗殴的情况也时有发生。若本族群的成员被欺负,成年长鼻猴会很生气,他们的鼻子会因为气流而鼓胀高挺,并会对着对方发出吼叫声。

大肚能解毒

长鼻猴有一个类似反刍动物的、形似袋状的胃,这让它的肚子看起来很大。这个巨大的胃里有各类微生物,能够帮助长鼻猴消化纤维素,甚至还能够分解毒素,即使误食了一些含有毒素的食物,也不会对长鼻猴的生命造成影响。

小档案

别称:天狗猴
科名:猴科
特征:有一个较大的肚子,有5个手指,也有5个脚趾,指甲为扁平状,指、趾都能直立
分布:东南亚加里曼丹岛
食物:水果、种子、红树林的芽及嫩叶

擅长挖土的长吻针鼹

长吻针鼹在更新世时就已经存在，是一种原始的现生哺乳动物，目前数量逐年减少。

挖土小能手

长吻针鼹挖土的速度很快，不到十分钟，就可以挖出一个能够隐藏自己的洞。长吻针鼹比较"懒"，它们不喜欢自己做窝，而是喜欢住在其他动物的住处。挖洞时也只会隐藏自己柔软的身体下部，布满针刺的上部往往会露在外面，因为针刺可以保护它们不受伤害。针刺间的毛难以清洁，产生寄生虫会导致搔痒。长吻针鼹有一根弯爪，是专门用来挠痒痒和梳理毛发的。

不吃不喝活一月

长吻针鼹主要以蚂蚁和昆虫为食,长管状的嘴巴和长而灵活的舌头可便于它们进食。维多利亚州和塔斯马尼亚岛是长吻针鼹的栖息地,冬季寒冷的时候,它们能够一个月不吃不喝,处于一种类似休眠的状态。

小档案

别称: 原针鼹、三趾针鼹、五趾针鼹、曲喙针鼹、原鼹

科名: 针鼹科

特征: 头和躯体下部没有刺,只有毛,其他地方均布满针刺,肚子下部的毛颜色淡,短而柔软

分布: 新几内亚岛

食物: 蚂蚁等昆虫

全身是刺像豪猪

在针鼹中,长吻针鼹属于体型较大的。它的外形和刺猬、豪猪有些相像,身躯短小却肥胖,头部和肚子下部长有柔软的毛,其余部位都布满了针刺。它的爪子很硬,而且很锋利,这是长吻针鼹挖洞和寻找食物的"武器"。

爱换"房子"的巢鼠

巢鼠在啮齿动物中，是倒数第二小的了，仅比跳鼠科的北方鼩鼠稍大。

小巧可爱长尾巴

巢鼠体型小巧,身长 5—8 厘米,体重只有 8 克左右,比小家鼠还要更小一些。巢鼠的耳朵中有一个三角形的耳瓣,可以关闭耳孔。细长的尾巴一般与身体长度相仿,可以帮助它们在枝条间攀缘时协调四肢。

攀缘小能手

巢鼠喜欢在夜间活动。白天,母鼠会将幼崽安置在巢穴中,自己则出去觅食。巢鼠喜欢在枝条间攀缘,也能在浅水中游泳。

爱住新房子

巢鼠每个季节的住处都有所不同。夏季,巢鼠通常会将巢建在草丛或灌木丛中,离地面 30—100 厘米,用茎叶筑成圆形或椭圆形,大小与成年人的拳头相仿;秋季,巢鼠则喜欢在地下挖洞,或将一个盘形的巢建在草堆中;冬季,巢鼠一般选择地面巢或将巢建在草垛中;春季则将冬季的巢穴废弃,重新建巢。

小档案

别称:圃鼠、燕麦鼠、矮鼠等

科名:鼠科

特征:头部和体背的毛大部分为棕黄色,但毛尖为灰白色,毛基为浅灰色,背后至臀部的部分地方毛色为淡棕色

分布:欧洲、亚洲

食物:稻谷、玉米、大豆、浆果、茶籽

可怕的传染疾病

戴安娜须猴也叫戴安娜长尾猴，整体一般呈黑色或深灰色，喉咙部位长有白色毛发。戴安娜须猴有一定的危险性，它坚硬的牙齿和极强的咬合力可能会对人造成伤害；而且它的身上可能会携带能够传染给人类的疾病，如黄热病与结核。

秩序严格有纪律

戴安娜须猴为群居动物，族群中有着严格的纪律，整个族群中的猴子都要听从猴王的号令，地位低的猴子要对地位高的猴子表示臣服。族群中的猴子常常互相清洁毛发，这既是在清理毛发中的寄生虫，又是增进感情的一种方式。在遇到危险时，整个族群也会互相照顾，团结起来一致对外。

等级制度森严的戴安娜须猴

戴安娜须猴是树栖动物，但是由于人类随意猎捕，导致数量急剧下降，全世界总数在 700 只左右。

别称: 戴安娜长尾猴、戴安娜猴

科名: 须猴科

特征: 除了胡须、胸部和喉部呈白色外,脸和身体其他部位的毛色都为黑色,腿上有一条白色的条纹

分布: 南亚岛国

食物: 杂食

善于奔跑的瞪羚

瞪羚之所以被叫作"瞪"羚,是因为它们有一双眼球外凸的大眼睛,似乎随时随地都在瞪着眼。

濒危的瞪羚

对于"世界上的瞪羚到底有多少种"这个问题,现在没有确定的数据,但是,已经有四种瞪羚因为人类而灭绝了,这是无可置疑的。现存的瞪羚大多都是濒危物种,还算常见的格兰瞪羚和汤普森瞪羚数量也很少。

超强逃生技能

瞪羚大多都生活在食物丰富但异常危险的非洲大草原,在凶猛的肉食动物们眼中,它们只是一道美餐。好在瞪羚的逃生能力很强,刚出生5分钟的瞪羚幼崽就可以奔跑,虽然速度不及父母,但它们的行动却有着更高的敏捷度与灵活性。

有敌人时,瞪羚会马上逃跑,它们逃跑的最高时速可达90千米,同时也具备极强的跳高跳远能力,这也是瞪羚的逃生秘诀。

科名：牛科

特征：肩膀离地面距离为60—80厘米，体毛有棕、白二色，身体两侧各有一条黑线，雄性的角又长又弯

分布：亚洲、非洲

食物：低矮植物

雄性瞪羚爱打斗

　　虽然没有勇气面对凶猛野兽，但雄性瞪羚却经常内斗，目的是为争夺雌性瞪羚和领地。雄性瞪羚长而弯的双角可以作为武器，通过顶撞角来决定胜负。

夜间觅食的短鼻大袋鼠

短鼻大袋鼠前肢较短，主要依靠发达的后肢运动。它们的奔跑速度很快，时速能够达到64千米。

大体型，短鼻子

短鼻大袋鼠的体型很大，身体长度为 1.3—1.5 米，尾巴约 1.2 米长，体重大约有 100 千克。短鼻大袋鼠喜欢群居，大多生活在草原地区。

幼崽超级小

短鼻大袋鼠的发情期一般在每年的 3—4 月，怀孕 30 多天就能生下幼崽，通常情况下，每胎生下一只幼崽。幼崽体型很小，只有母亲的三千分之一。幼崽出生后，会在母亲的育儿袋中接受 8 个月的哺育才能够独立生活。短鼻大袋鼠的性成熟期是 2—3 岁，生命周期是 10—15 年。

小档案

科名：袋鼠科

特征：大部分雄性体毛为赤褐色，只有少部分为黑灰色，雌性基本为灰蓝色，四肢后侧以及尾巴下面是黄白色的

分布：澳大利亚的维多利亚州、新南威尔士州等地区

食物：青草和植物根茎

23

讲义气的非洲野犬

由于人类活动，非洲野犬的栖息地逐渐减少，而且又有其他大型食肉动物来与之竞争，其数量也是不断下降。

毛色华丽如水彩

非洲野犬广泛分布于非洲的南部、东部和西部，其中南部的非洲野犬体型略大一些。非洲野犬的毛色不同于其他犬科动物，每只非洲野犬身上的花纹都是独特的，就如同人类的长相。所以可以根据非洲野犬身上的花纹对它们进行区分。非洲野犬身上有多种颜色，就如同打翻了画家的调色盘。它们的毛发稀疏，有些地方甚至无毛。耳朵又大又圆，竖立在头顶上，非常显眼，这个形象容易让人想起兔子。非洲野犬有着如同鬣狗一般的前臼齿，可以轻松地磨碎骨头。

协同合作的族群

非洲野犬喜欢群居，一般的族群约有成员40只，大族群则可达到100只。族群通常由一对非洲野犬夫妻共同统领。非洲野犬善于协作，它们不会遗弃生病或受伤的同伴，反而会分享食物、照顾伤病成员。整个族群通常都很团结、和平，除了雌性首领与其他雌性争夺繁殖权时。非洲野犬喜欢在早晨和上半夜狩猎，如果光线好，它们甚至会狩猎一整晚。

小档案

别称：杂色狼、非洲猎犬、猎狗、三色豺
科名：犬科
特征：毛色不统一，个体身上的毛色、斑纹都不相同，前肢没有爪，但前臼齿较大
分布：非洲的干燥草原和半荒漠地带
食物：中等体型的有蹄动物

🔸 生活习性

菲律宾果蝠的生活习性不尽相同，独居和群居皆有。虽然大多数菲律宾果蝠喜欢生活在森林的开阔地区，但也有一些调皮的果蝠喜欢在建筑物或者山洞中生活。

🔸 饮食习惯

菲律宾有九种果蝠，全部生活在原始森林里，以其中的一些植物作为食物，非常依赖森林中的资源。观察研究发现，大型果蝠一般在植物附近食用果实，残余果实与果核大部分距离植物较近，而中小型的果蝠通常会将果实带到其他地方食用，残余果实与果核通常会留在距离植物较远的地方。

金发碧眼的菲律宾果蝠

菲律宾果蝠是世界上体型最大的蝙蝠，十分稀有。
它们常常被人类猎杀，面临灭绝的危险。

小档案

别称: 鬃毛利齿狐蝠

科名: 狐蝠科

特征: 金色的头发，碧绿的眼睛，脸上间隔着有灰白色的条纹

分布: 菲律宾萨兰加尼省的洞穴及雨林中

食物: 林中的果实

耐渴的格利威斑马

除腹部为白色外，格利威斑马身上其他部位都细密地分布着黑白相间的条纹。

漂亮条纹惹人爱

千百万年前，各类斑马就已经在非洲大草原生活了。因为原始斑马身上的漂亮条纹，人们称它们为"虎皮马"。格利威斑马以前栖息在整个东非，现在却只生活于肯尼亚北部和埃塞俄比亚了。它们的体型比草原斑马更大，攻击性也更强。

可以 2 ~ 3 天不喝水

对草原动物来说，水源非常重要。动物们在饮水时，都会考虑水源地的安全状况，只有在迫不得已的情况下，动物们才会在可能隐藏着危险的水源地迅速完成饮水需求。北部地区的气候炎热干旱，水源数量有限且非常遥远，格利威斑马适应了这里的干旱气候，可以 2 ~ 3 天不喝水。至于带着小马驹的母马，一般都会选择距离水源较近的地区生活。

小档案

科名：马科
特征：身材苗条，大头，长腿，大耳朵，有长并且直立的鬃毛
分布：肯尼亚北部、埃塞俄比亚
食物：草、嫩叶、树皮、果实

冠叶猴喜欢群居生活，一个小群体中有5—20只冠叶猴。猴王的能力决定了群体中冠叶猴的数量，猴王的能力越强，它的族群中冠叶猴的数量就越多。冠叶猴日出而作，日落而息，有着规律的生活作息习惯。它们喜欢一边玩闹嬉戏，一边采集食物；互相为对方捉身上的寄生虫，也是冠叶猴之间联络感情和游戏的方式。忙碌一上午后，中午它们会回岩洞或在树上、岩石上休息，下午继续玩耍、采集食物。

小档案

别称：白头乌猿、白叶猴、白头叶猴、花叶猴
科名：猴科
特征：整个头部及肩部均为白色，手和足的背面掺杂白色，尾巴有一段为白色
分布：中国广西
食物：树叶、花朵、果实等

爱睡午觉的冠叶猴

世界上有25种濒危的灵长类动物，冠叶猴是其中之一。目前冠叶猴的总数仅剩800只左右，研究价值仅次于大熊猫。

天生"白头"

    冠叶猴与黑叶猴外形相似，头部和肩部是白色的，所以也被称作"白头叶猴"。冠叶猴身形苗条修长，有一条长尾巴，能够在跳跃攀缘中为身体保持平衡。它们活泼好动，机警灵活，在森林与峭壁上都能够如履平地。

吃泥土的光面狐猴

在现存的狐猴中，光面狐猴是最大的一种，主要生活在马达加斯加的马纳纳拉诺德。

别称: 大狐猴

科名: 狐猴科

特征: 短脸，宽而短的吻部，臂比腿短很多，手的长度相当于手宽的6倍，拇指又短又小，脚趾很长，像个大爪子

分布: 马达加斯加岛

食物: 杂食，多以树叶、花、果实为食

吃泥土助消化

　　光面狐猴的盲肠很发达,可以帮助它们消化树叶等粗纤维的食物,有时候,它们也通过吃泥土来帮助消化。光面狐猴多为家庭式的小群体居住在一起,在夏季交配,妊娠期为120—150天,每胎能够产下一只幼崽,要隔三年才能够再次生产。可能是为了与族群交流或宣告领地,光面狐猴每日都会和附近居住的小家庭一起发出 1—7 次叫声,如同合唱。

狐猴里的"小巨人"

　　据推测,光面狐猴的祖先古大狐猴比现在的黑猩猩体型更大。光面狐猴的毛发浓密有光泽,颜色不一。有的光面狐猴四肢和肩部有橘红色斑块,有的双臂、双腿为白色,有的头部、耳朵以及双臂为黑色。光面狐猴手掌细长,双臂短而双腿长。它们生命的大多数时间都在树上度过,树叶和果实是它们的主要食物。

容貌似鬼的鬼狒

鬼狒为一夫一妻制,鬼狒出生高峰期在12月至次年4月。

黑面红唇白胡子

雌性鬼狒和雄性鬼狒之间体型差异巨大,雄性鬼狒体重几乎为雌性鬼狒的两倍。鬼狒有粗壮的两颚,突出的吻部,鼻骨高挺,一生下来就有32颗牙齿。与山魈彩色的面部不同,鬼狒面部为黑色,下唇是红色的,雄性鬼狒还长有白色的胡子。

小档案

别称:黑面山魈、鬼狒狒

科名:猴科

特征:雌性大都比雄性矮,臀部呈红色是因为此处的血管密度增加

分布:喀麦隆、尼日利亚、赤道几内亚(比奥科)等地

食物:果类、昆虫、蛙、蜥蜴、鼠等

多样的交流方式

鬼狒为群居动物,一般20只左右为一个族群,在不缺食物时,一个族群可能会有超过100只鬼狒。鬼狒族群的首领为强壮有力的雄性,它有长而尖锐的牙齿,凶猛无比,能够统领整个族群。鬼狒之间除了可以通过声音、气味交流,还可以通过毛发色彩进行沟通。亲人与伴侣之间,常通过触觉进行交流,鬼狒之间还常常发出叫声,虽然无法判断其发出声音的目的,不过可以肯定声音是鬼狒之间最常用的交流方式。

淘气贪食的黑冠长臂猿

黑冠长臂猿的群组是以家庭为单位的，每个家庭都是一夫一妻，再加上1—3个孩子组成的。

高空生活

黑冠长臂猿是已知的长臂猿中栖息地海拔最高的，它们生活的热带雨林或常绿阔叶林海拔在100—2500米。黑冠长臂猿喜欢选择15米以上的高大乔木作为栖息的地方，很少到低于5米的树上活动。

淘气的贪吃鬼

它们喜群居，以家庭式的小群体生活在一起，每天活动的范围与路线是固定的。黑冠长臂猿生活在树上，很少下地，喜欢利用前肢在树枝间活动。休息时就如同人类抱膝蹲在地上的姿态，有时也会仰卧在树干上。日出时喜欢在森林中啼叫，雌性与雄性叫声不同，宛如二重唱。它们的叫声虽然与基因有关，但是也受环境影响，产生一定的差异。

毛发厚密作用大

黑冠长臂猿前肢长，后肢短，没有尾巴，身上毛发短而厚密，可以保暖防雨。雄性黑冠长臂猿全身毛发为黑色，头部有一簇立起的冠状毛发；雌性通体灰黄色或橙黄色，头顶有黑褐色的菱形或多角形斑块。

别称：印支长臂猿、黑长臂猿、冠长臂猿

科名：长臂猿科

特征：体型中等，动作敏捷，后肢明显比前肢短，没有尾巴，体毛短，但是又厚又密

分布：中国云南、海南岛

食物：果子、树叶、小动物

"四处为家"的黑猩猩

黑猩猩爬树的本领比大猩猩强,但是却不如猩猩。大多数时候,它们都是四肢着地走路,以弯曲的指节作为支撑。

小档案

科名:猩猩科

特征:身上的毛很短,脸上为灰褐色,头顶的毛发向后生长,灰色的手脚上覆盖着稀疏的黑色毛,臀部有一块白斑

分布:非洲中部和西部的热带雨林中

食物:果实、昆虫、鸟类

独特的挡雨前肢

黑猩猩通体乌黑，伴随年纪的增长，身上可能会出现灰色和褐色的毛发。它们以黑色的面部居多，也有肉色、白色和灰褐色的。黑猩猩的眼睛是黄褐色的，高眉骨，深眼窝，嘴巴很大；前肢长，后肢短，但是前后肢的差异没有大猩猩那么明显。手脚粗大，呈青灰色。前肢的毛发逆向生长，下雨时雨水会顺着手肘流走，所以可以用来挡雨。

流动性的族群成员

黑猩猩喜欢群居生活，合作性强，大小族群皆有，数量在3—5只到30—50只不等。族群间也有等级划分，成员对首领通过让路、弯腰、点头等动作表示顺从，而首领则会以摸头、碰手等动作回应。族群成员不是一成不变的，可以退出和加入。无族群收留的老年黑猩猩只能独自生活。

流浪爱好者

黑猩猩多用四肢行走，虽然会在一定区域内活动，但是每日栖息的地方都不同。它们上午觅食，下午玩耍，然后用树枝和树叶在树上筑巢用于晚上休息。黑猩猩活泼好动，喜欢玩"打秋千""捉迷藏"等游戏。

视力较差的恒河豚

恒河豚的眼睛非常小，没有晶状体，近乎失明，常常会因为呼吸而浮出水面。

小档案

别称：梧桐河豚、白河豚

科名：恒河豚科

特征：颅骨头型是不对称的，向左倾斜得厉害，前额十分陡峭，腭骨也是纵向隆起的

分布：孟加拉国、印度、巴基斯坦、尼泊尔

食物：鱼、虾

没有鼻毛尾巴长

恒河豚体长一般在 2—2.6 米，体重 51—90 千克，雌性恒河豚体型比雄性大。它们的颅骨非常不对称，严重偏向左边，前额平直，有着竖起突出的腭骨，这样独一无二的长颈椎与不成熟的椎骨让恒河豚异常灵活。恒河豚适合生活在水中，它们有着占据身体长度四分之一的大尾巴和长度达身体长度 18% 的鳍脚。背鳍很短，只有几厘米，像是肉质的驼峰位于背上。没有鼻毛是恒河豚与其他河豚的不同之处。

视力差，听力好

恒河豚喜欢在早晨或黄昏时分到靠近岸边的浅水区域觅食，体长低于 6.5 厘米的淡水鱼是它们最喜欢的食物，可以整条吞食下去，它们有时也吃一些水生植物和昆虫。由于恒河豚几乎没有视力，所以一般靠回声定位来知晓周围的环境状况。

叽叽喳喳的红背松鼠猴

红背松鼠猴有两个亚种,亚种的整体颜色相似,最大的不同是头顶盖的形状。

别称:巴拿马松鼠猴、赤背松鼠猴等

科名:卷尾猴科

特征:体长 28 厘米左右,尾巴比身体还长,体重不超过 1 千克,雄性比雌性稍大

分布:巴拿马、哥斯达黎加

食物:花朵、树叶、果实、昆虫

尾巴作用大

红背松鼠猴面部为白色，头顶与尾端为黑色，背部与四肢为橙色，肩、臀与尾巴为橄榄色，靠尾巴保持身体的平衡。红背松鼠猴脑部重量占身体重量的 4%，是所有灵长目动物中脑部与身体比重最大的。它的两个亚种可以通过头顶盖的形状来区分。

喜群居，爱吵闹

红背松鼠猴为群居动物，20—75 只为一个族群，偶尔也有由两个族群临时组合成的超过 100 位成员的大族群。一般而言，族群中雌性数量较多。红背松鼠猴为杂食性动物，它们每天都要花费一大半的时间用来觅食，还喜欢发出各种叫声，折断树枝制造声响，有红背松鼠猴族群生活的森林通常环境嘈杂。

生活在树上

　　金色乌叶猴喜欢在树上活动，很少接触地面。它们喜欢白天活动，早晚天气凉爽更活跃，中午天气炎热就在树上休息。金色乌叶猴喜群居，一般由2—12只组成一个族群，其中包括一或两个成年雄性与几个雌性及其后代。

会变色的金色乌叶猴

　　金色乌叶猴非常依赖树木，生活在南部亚热带森林的上层和北部温带森林中。居住的海拔也因地理范围而异。

✎ 皮毛会变色

　　金色乌叶猴身形苗条,长手长脚,还有一条长尾巴。身长 49—72 厘米的金色乌叶猴,尾巴长度可达 71—94 厘米,长尾巴可以帮助它们在树上活动时保持身体的平衡。金色毛发由深到浅,柔软而细密,这让金色乌叶猴很容易被辨认。它们的毛发颜色还会随着季节而变化,冬季颜色较深,夏季颜色较浅。金色乌叶猴幼崽的毛发几乎是纯白色的。生活区域不同,金色乌叶猴的毛发颜色与体型也有区别。在南方生活的金色乌叶猴比在北方生活的金色乌叶猴的毛色更均匀,体型也更小。

小档案

别称:金叶猴、黄冠叶猴

科名:猴科

特征:身材苗条,有长长的四肢和尾巴,尾巴的最后面有穗毛,呈团状

分布:印度阿萨姆邦、不丹,以及中国西藏门隅、珞瑜地区

食物:果实、叶子、种子、芽、花朵

爱臭美的金狮面狨

金狮面狨常年栖息在树洞中，狭窄的洞口可以防止食肉兽的进入，因此树洞是一个躲避敌害的好地方。

不挑食的捕猎小能手

金狮面狨是杂食性动物，它们的食谱上包含蜘蛛、蠕虫、蝇等昆虫，也包含嫩芽、果实、花朵等植物。最受金狮面狨喜欢的食物是无花果。地面上的蚯蚓、树上的鸟卵，甚至刚出生的小鸟，都在金狮面狨的捕猎范围内。它们喜欢喝树木的汁液，常用爪子在树枝上挖洞，所以有金狮面狨居住的森林，树木都是千疮百孔的。

敏捷灵活的"杂技演员"

　　金狮面狨的身型小巧,通体长有柔软的金色长毛,头部的冠毛类似狮子。它们栖息在树上,习惯白天活动,听觉、嗅觉和视觉都十分灵敏,动作非常迅速,甚至能够完成一些猴类和松鼠无法完成的高难度动作。金狮面狨一般以2—8只的家庭式小群体生活在一起。它们喜欢互相梳理毛发,保持金色长毛的光洁美丽。

小档案

别称:金狨

科名:卷尾猴科

特征:全身被金黄色的毛覆盖,脸部周围的毛类似于鬃毛,又长又深;细长的四肢上有锋利的爪子

分布:巴西东南部的大西洋沿岸

食物:蠕虫、昆虫、花朵、嫩芽和果实等

尾巴和身子一样长

领狐猴身长约 1.2 米,体重 3—4.5 千克。通体黑色,在头部、背部以及四肢有白色毛发,鼻子和嘴巴与狗类似,尾巴和身体几乎等长。领狐猴的几个亚种可以通过毛色区分,有一种领狐猴的面部呈黑色,耳朵为白色,后背有黑色斑块以及一条贯穿的白色条纹;有一种领狐猴后背无条纹;还有一种领狐猴背部的毛色为黑色或带有白色条纹。

"一夫一妻制"的小家庭

领狐猴是群居动物,它们多为"一夫一妻"加上孩子组成一个小家庭一起生活。这些群居的小家庭虽然不会对其他群体进行领土防御,但还是会通过沙哑的鸣叫声警告对方。

小档案

别称:斑狐猴、黑白领狐猴、瓴毛狐猴
科名:狐猴科
特征:身体呈黑色,眼珠呈桔红色,头黑,且颈部有鬃毛
分布:马达加斯加
食物:甜果、种子、树叶、花等

长尾巴的领狐猴

领狐猴属仅有两种狐猴,领狐猴是其中之一,叫声仅次于吼猴,在灵长目中排名第二。

幼崽存活率低

    领狐猴大多在 5—7 月份交配,9—10月份在树上的集中生产,每胎能够产下 2—3 只幼崽。领狐猴幼崽体型很小,只有约100克重,需要生活在母猴用树叶、干草以及自己的腋毛铺成的窝中。因为巢过高,再加上天敌的威胁,大部分领狐猴不超过 1 岁就死亡了。

"独行侠"马来貘

说到"四不像"，我们大多都会想到我们国家的珍稀动物麋鹿，而外国人想到的，则是马来貘。

不挑食的独行者

马来貘是动物界的"独行侠"，虽然偶尔也会有两三只马来貘结伴行动的情况，不过大多数时候，它们更喜欢独自活动。马来貘块头不小，却不是肉食主义者，它们只吃植物。因为不挑食，马来貘的食物种类非常丰富，有近百种。它们坚硬的牙齿和巨大的臼齿为它们食用各类粗硬的树枝和叶片提供了可能。因为体型庞大，马来貘的胃口也不小，它们一天能吃掉约 9 千克的植物。

生活在水边

为了生存，温顺的马来貘有着高超的游泳和潜水能力。它们的住处大多靠近河水，当发现危险时就潜入河水中进行躲藏。只有在无路可走时，它们才会用庞大的身体撞击对方，保护自己。为了应对水边的蚊蝇，马来貘还喜欢在泥沙里滚来滚去，让泥沙在皮肤上形成一层防蚊蝇的保护膜。

"四不像"的马来貘

马来貘之所以被称作"四不像"，是因为它有着像马一样的耳朵、像犀牛一样的后腿、像大象一样的鼻子，以及像猪一样的身躯。

小档案

别称: 印度貘、亚洲貘

科名: 貘科

特征: 头部很大，有粗壮的脖子；鼻吻部较长，
向前延伸，呈圆筒形，十分柔软，下垂

分布: 泰国南部、苏门答腊、马来半岛、丹那沙林

食物: 多汁植物的嫩枝、树叶，野果

温顺的麋鹿

三千多年前,麋鹿就已经生活在中国的黄河和长江中下游地区了,从汉朝开始,数量逐渐减少。

小档案

别称:四不像

科名:鹿科

特征:较大的头部,狭长的吻部,小眼睛,鼻子裸露在外面的部分十分宽大,粗壮的四肢,宽大多肉的主蹄,发达的悬蹄

原产地:中国长江中下游沼泽地带

食物:禾本科、苔类及其他多种嫩草和树叶

本性温顺

麋鹿是一种温顺的鹿类动物，它们跑不过梅花鹿和狍，在发情期和哺乳期也不会像其他鹿类动物那样对人进行攻击。即使是在争夺雌性麋鹿的角斗中，雄性麋鹿的表现也相当温和，很少出现受伤残疾的情况。

独一无二的角

麋鹿是食草动物，正常体重在 120—180 千克，毛色淡褐。雄性麋鹿的角与其他鹿科动物的角都不同，在倒放时三根分枝可立于平地。雌性麋鹿无角，体型相较雄性麋鹿更小。

喜欢潮湿的环境

因为发达的侧蹄，麋鹿可以在沼泽中行走，长长的尾巴还可以驱赶沼泽中的蚊蝇。麋鹿的这些特征，都表明它们非常适应沼泽的生存环境。通过人工饲养的麋鹿喜欢泡在水中，而且喜欢用泥水沐浴，由此可以判断，它们曾经的生活环境温暖而潮湿。长江三角洲的平原湿地是麋鹿理想的生存环境。

"地下建筑师"墨西哥土拨鼠

墨西哥土拨鼠栖息在海拔1600—2200米的平坦的草原和山谷中,是一种高度社会化的物种。

逃生小能手

墨西哥土拨鼠属于草原犬鼠中的一种，也是其中体型最大的品种之一，比黑尾草原犬鼠要略小些。墨西哥土拨鼠通体黄色，尾巴末端为黑色。墨西哥土拨鼠善于奔跑，速度可达 55 千米/小时。若生命受到威胁，它们会大叫预警，然后逃跑。墨西哥土拨鼠每年有两次换毛期，3—4 月时，脱掉厚厚的绒毛；11 月时，厚实的绒毛重新生长，以应付寒冷的冬天。因为换毛，它的体重会随着季节发生变化，春季 300—900 克，秋季 500—2000 克。

居家小能手

墨西哥土拨鼠的巢穴非常精巧，从漏斗状的入口进入，有一条长 30 米左右的通道，两侧的空间能够存放食物，也可以休息。洞口附近的避难室可供它们遇到敌人时躲避，还有厕所、储藏室、居住的主巢等，基础设施非常齐全。墨西哥土拨鼠喜群居，大多数时间都在洞穴中生活，它们没有冬眠的习惯，依靠厚厚的脂肪过冬。

小档案

别称：墨西哥草原犬鼠、墨西哥草原松鼠

科名：松鼠科

特征：黄色的头，耳朵颜色较深，腹部颜色相对较浅，尾巴尖端呈黑色；鼻子与耳朵都很小，胡须黑色

分布：墨西哥草原、美国南部

食物：植物的根、块茎

🔖 绒毛的作用

绒顶桤柳猴体型较小,身长 21—26 厘米,尾长 33—40 厘米,体重只有 300—450 克。它们身上的毛发有黑色、浅黄色和橘红色三种颜色。因为头顶有较多的绒毛,所以被称为"绒顶桤柳猴",这些绒毛会在它们遇到危险时立起,从视觉上显示出它们的高大,以此吓退敌人。

🔖 爱喝树汁

绒顶桤柳猴的生活习性与其他狨猴类似,它们栖息在热带森林的边缘。因为喜欢喝树木的汁液,却无法咬破树皮直接获取,绒顶桤柳猴一般通过其他动物在树上凿出的洞获取树木汁液。绒顶桤柳猴的人工饲养方式与其他狨猴相同,寿命可达 15 年以上。

三色毛发的绒顶桤柳猴

绒顶桤柳猴头顶的毛发是白色的,十分蓬松,像印第安酋长一般,这是它最大的特色。

别称: 棉冠獠狨、棉顶狨
科名: 狨科
特征: 黑色的背部, 手、脚, 包括腹侧部的毛发皆为浅黄色, 臀部的内侧则为橘红色
分布: 哥伦比亚
食物: 昆虫、新鲜树叶、水果

幼崽通常是双胞胎

绒顶柽柳猴群居生活, 妊娠期140天, 通常能够产下双胞胎, 幼崽由公猴和母猴共同照顾, 4—5周能断奶, 8周就能够独自活动。

水中飞行的塞鲸

很少会在近岸海域看到塞鲸,因为它们常年生活在大洋中。

巨大的脑袋

塞鲸主要栖息于北大西洋、北太平洋与南极水域,南半球的塞鲸体型略大于北半球的塞鲸,雌性塞鲸的体型较雄性更大。塞鲸的头长可占身体长度的近四分之一,身体为暗灰色,背部微微有蓝色。它们鼻骨细长,鲸须板呈现暗灰色,有细密的须毛。

小档案

别称:大须鲸、鳁鲸、鳕鲸
科名:须鲸科
特征:头部上颌背面有纵嵴,从吻端至呼吸孔前,两侧相对平滑,两个呼吸孔纵列呈"八"字形,向后张开
分布:北大西洋、南极与北太平洋的海域
食物:桡足类、磷虾、浮游生物

游泳冠军

　　塞鲸喜群居，一般 2—5 头为一个小群。塞鲸游泳是所有鲸类中最快的，可以潜水，但是深度较低，出水时会将背鳍和呼吸孔露出水面。塞鲸捕食时，会有规律地潜水、出水，此时一般距离水面很近，透过水面就能被看到。塞鲸喷潮可达 3 米，两次喷潮的间隔为 20—30 秒。每年冬季，塞鲸会在温带水域中进行交配、受孕或者产崽，夏季通常在食物丰富的高纬度水域捕食。大量塞鲸聚集在同一水域捕食时，它们主要通过撇食获取海水中的浮游生物，塞鲸的主要食物是北太平洋中的桡足类和南半球的磷虾。

行走就靠"金刚指"

山地大猩猩有着比其他大猩猩更加黑长的毛发，这让它们可以生活在更寒冷的地方。山地大猩猩多居于陆地，有着与人类相似的脚。雌雄体型差异巨大，雄性的体重几乎是雌性的两倍。背部的银色或灰色毛发是雄性山地大猩猩性成熟的标志，野生的雄性山地大猩猩体重在100—180千克。山地大猩猩前肢长，后肢短，行走时是用手指的背面来支撑身体的。

上午下午都在吃

山地大猩猩栖息的森林大多云雾缭绕，气温较低。因为体型较大，需要的食物量也很大，山地大猩猩除了中午和晚上休息，早上和下午都在吃东西。山地大猩猩会在自己筑的巢中睡觉，除了特殊情况，它们日出后就会离开睡觉的巢。

休息与学习

中午休息时，山地大猩猩会互相整理毛发，保持整洁，同时也是联络感情。幼崽不像成年猩猩喜欢在陆地生活，它们常在树上玩要嬉戏，通过摔跤、追逐、翻筋斗等活动学习沟通举止和生存技巧。

食量惊人的山地大猩猩

山地大猩猩个头巨大，性情温和，这种动物几乎都生活在非洲维龙加山脉。

科名:人科

特征:成年雄性拥有圆锥形的头颅骨,枕骨嵴和矢状嵴较大,连接着强壮的腭骨肌肉

分布:非洲维龙加山脉

食物:142 种植物的树叶、树枝、树干

性格暴躁的狮尾猕猴

狮尾猕猴的攀缘能力和跳跃能力极佳,它们不仅会游泳,还能够模仿人的动作,还会表现出喜怒哀乐。

性格暴躁

狮尾猕猴栖息于印度南部的山脉中,喜欢群居生活,一般30—50只组成一个族群,也有200只左右的大族群。它们白天活动,夜晚在树上休息,有着较强的攀缘能力,善跳跃。狮尾猕猴的性格暴躁,有着强烈的领地意识。它们主要用四肢配合行动,爪中拿着食物或其他物品时,也可以用后腿行走甚至奔跑。狮尾猕猴能够模仿人类的动作,表现出喜怒哀乐,还会发出各种声音联系彼此,通过不同的姿势或手势表达想法。

面部和尾巴像狮子

狮尾猕猴的尾巴末端有一簇毛,类似狮子的尾巴,所以被称为"狮尾猕猴"。它的脸部周围也有鬃毛,和狮子面部相似,有人认为,称其为"狮头猴"更为恰当。狮尾猕猴头部为灰白色,身体为褐色或微微发黑,毛发有光泽。

别称：狮尾猴

科名：猕猴科

特征：全身披深褐色或黑色的毛,黑色的脸上没有毛发,头部围绕着银白色的鬃毛

分布：印度西南部的西高止山脉

食物：杜果、波罗蜜等各种水果,也吃小鸟和昆虫

凶猛的食猿雕

食猿雕很凶残，有时候会捕捉猴子为食物，所以有"食猴鹰"这个别称，它是菲律宾的国鸟。

冠羽随心动

食猿雕体魄强健，身上羽毛上半部为深褐色，下半部为黄白相间，尾巴短宽，长长的尾羽上还有黑色条纹，如同身着一件华丽的晚礼服。食猿雕头后的冠羽会随着其心情而改变，平和时低垂，生气时高耸，增加骇人的气势。

凶猛的猎食者

食猿雕的领地意识很强，只会和伴侣生活在一起，一对食猿雕拥有 30—50 平方千米的领地。它们的猎物很多，偶尔会埋伏在犀鸟的洞穴附近，以给洞中的雌鸟送食物的雄鸟为食物。食猿雕动作迅速，，十分灵活，飞行速度快。它们一般隐蔽于树冠之中，发现猎物之后会加速俯冲，直接啄瞎猎物的眼睛，使其丧失反抗能力后再将猎物撕碎。

别称:食猴鹰、菲律宾雕、菲律宾鹰

科名:鹰科

特征:钩嘴巨大,短而侧扁;黑色的脸,上半身
羽毛为深褐色,下半身羽毛为黄白相间

分布:菲律宾

食物:各种树栖动物

脑袋小的瘦小齿蒙

瘦小齿蒙有独特的牙齿,犬齿及前臼齿是向后弯曲及扁平,食性几乎完全是食虫性。

性格害羞脑袋小

瘦小齿蒙也叫尖吻灵猫，是非常典型的食蚁狸科动物，一般体长在 45—65 厘米，尾巴长 22—25 厘米，体重为 1.6—4.6 千克。它们的头部纤细，身体比头部大一号，长尾巴似纺锤状。瘦小齿蒙通体素褐色，外形有些类似獴，性格很害羞。

尾巴里面存脂肪

瘦小齿蒙喜独居，并没有固定的活动出行时间。它们会在每年的 6—7 月之前进行增肥，通过在尾巴中积蓄脂肪来度过食物贫乏的干旱期。脂肪最多时可达体重的 20%。瘦小齿蒙的示爱期与断奶期都很短，幼崽出生两日后就可以跟随雌性外出活动，9 周便可以发育成熟，离开雌性瘦小齿蒙独自生活。不过相比其他体型相似的食肉动物，瘦小齿蒙的发育速度属于较慢的。

小档案

别称：小齿獴、尖吻灵猫
科名：食蚁狸科
特征：长得很像獴，吻长，素褐色的身体低矮，没有肛门腺或会阴腺，爪子不能伸缩
分布：马达加斯加
食物：蠕虫、蜗牛等无脊椎动物

险遭灭绝的条纹袋狸

条纹袋狸生活在澳洲，但因为生存环境逐渐被人类破坏，又引进一些外来物种，增加了天敌，所以数量大大减少了。

小档案

别称：纹袋狸、带袋狸

科名：袋狸科

特征：身体长度在24—35厘米之间，从头部看很像老鼠，有尖尖的脸、大大的耳朵、又小又圆的眼睛、短短的尾巴

分布：澳大利亚及邻近岛屿

食物：虫子

从人人喊打到精心保护

条纹袋狸数量巨大,但在20世纪初的时候却差点灭绝,因为它们数量太多,大量破坏农田和花园,一度遭到人类的捕杀;后来对荒地的开垦和雨林的开发更是让条纹袋狸遭到了灭顶之灾。但是现在条纹袋狸又被引入西澳洲,受到了良好的保护。

短尾巴像管子

条纹袋狸也叫纹袋狸,它们身材纤细,有一条短小如管状的尾巴,通身是棕褐色的毛发,数量不等的白色条纹遍布身体后部,这是条纹袋狸与其他袋狸不同的地方。与其他袋类动物一样,条纹袋狸靠着发达的后肢跳跃前行。它们没有固定的栖息环境,森林、沙漠、草原甚至石砾滩,它们都可以生存。生性孤独的条纹袋狸喜欢独居,一般都在夜晚活动。它们的动作非常敏捷,遇到危险时,会猛然向空中跳跃,然后一眨眼就消失了。

近似人类的倭黑猩猩

倭黑猩猩长得和黑猩猩很像，不同的是，它们可以直立，而且性格更加温顺，很少发怒，也不爱喧哗，鸣叫声也与黑猩猩不同。

前肢长可及膝

倭黑猩猩通体黑色，身形细瘦，体重不及黑猩猩的一半。毛发短而细软，面部少毛，为灰褐色，深眼窝，红嘴唇，高眉骨，犬齿发达，耳朵大而突出。前肢较长，可及膝盖，臀部有白斑。倭黑猩猩幼崽的手和脸都是黑色的。

智商高，很孝顺

倭黑猩猩喜群居，一个族群可达 150 只，觅食时会分裂成 2—20 只的小群体进行活动。倭黑猩猩在树上建巢、觅食，下肢微弯曲，也可以在地面行走，一般的活动范围在 26—78 平方千米。倭黑猩猩之间的母子关系是长久保持的，分群以后，子女还会经常回到母亲的族群探望。倭黑猩猩的智慧仅次于人类，它们能够使用简单的工具，会与同类分享食物，行为非常近似人类。

小档案

别称：矮黑猩猩、侏儒黑猩猩
科名：人科
特征：身体瘦长，全身披黑毛，十分细软，窄肩膀，圆圆的头上头发很长，发红的嘴唇，两个大耳朵，后肢有蹼
分布：刚果河南岸和热带雨林
食物：水果、树叶、根茎、花、种子、树皮

沉默凶猛的亚洲豺犬

亚洲豺犬的嗅觉和听觉十分灵敏，行动速度很快，发现异常会立刻逃跑。

凶猛的捕猎高手

亚洲豺犬在各地区的分布密度远低于狼、狐，它们没有固定的栖息地区，从山地丘陵到热带森林，从高山草地到裸岩、丛林，都留下了亚洲豺犬生活的痕迹。亚洲豺犬喜群居，2—3只的小群，或是10—30只的大群皆有，也有独自生活的。灵活敏捷的亚洲豺犬原地一跃可达3米远，助跑后，一跃可达5—6米。亚洲豺犬生性沉默，对于环境改变非常机警，会通过嚎叫声召集同伴一起捕食猎物。亚洲豺犬胆大凶猛，多采用集体围攻或穷追不舍的方式，以数量取胜。在亚洲山林中，除了亚洲象外，其他动物几乎都要受到亚洲豺犬的威胁。

尾巴粗蓬像狐狸

亚洲豺犬的下颌每侧都有2个臼齿，体长95—105厘米，尾长45—50厘米，体型介于狼和赤狐之间，宽头扁额，圆耳短吻，有着棕黑色的类似狐尾的尾巴，尾巴上毛发蓬松，自然下垂。

小档案

别称：豺狗、豺、红犬

科名：犬科

特征：身体肤色浅，披红棕色或灰棕色的毛，掺杂些许毛尖是黑褐色的针毛，短小的四肢

分布：亚洲

食物：鹿、麂、麝、山羊等有蹄类动物

有四个胃的 印度豚鹿

印度豚鹿白天是不会出来的,它们躲在树林草丛中,只有到了傍晚才会外出寻找食物。

靠味道划领地

印度豚鹿身长 1—1.15 米,体重约50 千克。它们全身为浅褐色,背部间有浅棕色的毛发,腹部呈灰色。冬季毛发较夏季毛发颜色会更浅,夏季时,身体两侧还会有灰白斑点。雄鹿的角细长,呈三叉状,比水鹿角短许多,雌鹿没有角。印度豚鹿只有短小的臼齿,无上门齿,身体内有四个胃,可以反刍。它们通过涂抹眶下腺分泌出的特殊香味液体来标记领地。

◤ 腿不长但善于跳跃

　　印度豚鹿喜独居,不喜成群结队活动,偶尔会有两三头共同活动的情况。它们一般白天在林中休息,傍晚觅食。它们经常穿梭于灌草丛中,善于跳跃。因为腿不长,还有行走时低头的习惯,印度豚鹿在敏捷度上远远不及梅花鹿。在发情季节或者觅食区域内,也会出现 10 只左右的印度豚鹿组成临时群组的状况。

75

迟缓安静的红毛猩猩

在原产地,当地人将红毛猩猩称为"森林之人",原因是它们长相与人类相似,而且喜欢在树上玩耍。

每天都筑新巢

红毛猩猩通体红褐色,毛发粗长,面部无毛,细长的双臂展开可达 2.25 米,直立时身高可达 1.5 米。红毛猩猩在遇到危险或者被侵犯领地时,会通过夸张的动作威慑敌人,发出的隆隆声响可以传到几千米外。它们白天的时候会出来寻找食物,每天晚上都会睡在重新筑造的新巢中,每个巢都只使用一次。

思考的哲学家

红毛猩猩一般以母猩猩带着几只小猩猩为一个小群组共同生活,雄性一般独居,生活在距母猩猩居住地的不远处。红毛猩猩喜欢在树上活动,它们依靠四肢,每天只能移动约 1 千米,行动非常迟缓,与敏捷灵活的黑猩猩形成了鲜明对比。红毛猩猩性格安静,不喜欢啼叫,成年后的雄性大猩猩更是喜欢静坐不动,像是在思考的哲学家。因为母猩猩对小猩猩的保护和照料,偷猎者通常要先杀死母猩猩,才能够顺利带走小猩猩,并将它们卖到世界各地,这也导致红毛猩猩濒临灭绝。

别称:红猩猩、猩猩、人猿

科名:人科

特征:脸上很光滑,没有毛发,身体其他部位都长有又粗又长的毛发,呈红褐色,没有尾巴,下肢比上肢短

分布:婆罗洲、苏门答腊岛

食物:果实、树叶、竹笋

神秘的细嘴杓鹬

细嘴杓鹬是候鸟,夏天在西伯利亚针叶林繁殖,然后在地中海的淡水环境度过寒冷的冬天。

长喙能防夺食

细嘴杓鹬体长 36—41 厘米,双翼展开 77—88 厘米,其体型与中杓鹬类似,羽毛似白腰杓鹬。细嘴杓鹬上身为灰褐色,白色下身有深褐色斑纹,两侧的圆形或心形斑点非常漂亮。雌性细嘴杓鹬的喙长于雄性,可以防止被夺食。雏鸟两侧只有褐色斑纹,第一年冬天会出现心形斑点。

难见踪迹很神秘

西伯利亚地区非常适合细嘴杓鹬栖息,虽然无法确定它们的繁殖成功率,也无法确定现存的细嘴杓鹬数量,不过可以肯定的是,它们的数量非常稀少。到目前为止,仅找到过一次细嘴杓鹬的巢穴,此后再难觅踪迹。

小档案

科名:鹬科

特征:繁殖时期,成鸟有灰褐色的上身,白色的臀部,下背部为白色中带有深褐色的纹,两侧有斑点,圆形或心形

分布:西伯利亚

食物:细小的无脊椎动物